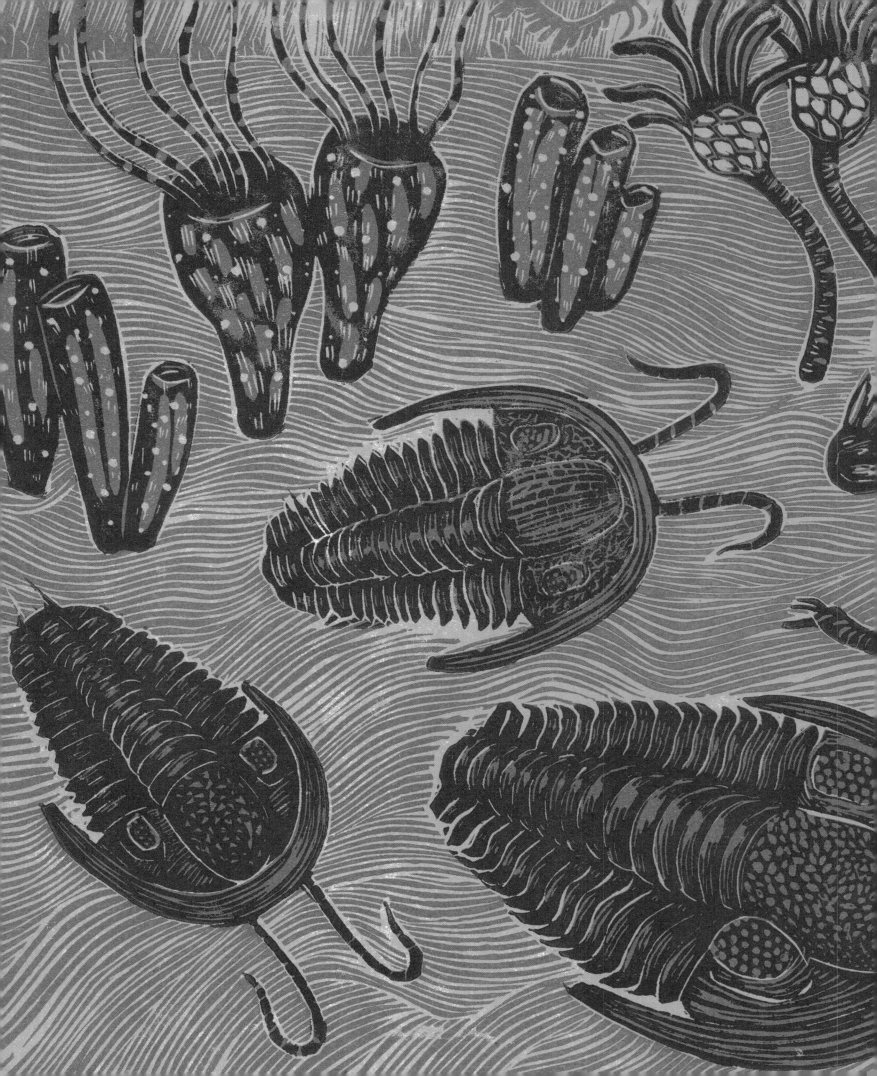

神奇
的
动植物

Above, Below and Long Ago

[英]迈克尔·布莱特 著
[英]乔纳森·埃莫森 绘
韩雪婷 译

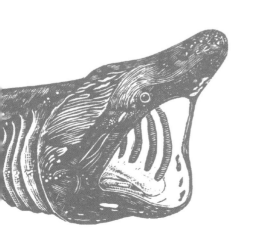

天津出版传媒集团

天津科学技术出版社

目录

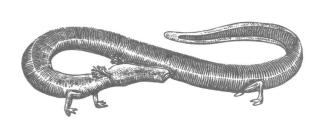

难得一见的动植物

除非我们知道野生植物的生长地点和野生动物的出没时间与轨迹，
否则大多数时候都很难看到它们。

有些植物和动物生活在人类难以到达的地方，比如悬崖、高山或地下的洞穴。有些动物只在夜晚我们都睡着的时候才出来活动。还有些动物每年某个时间段都会消失，因为它们迁徙到了气候更温暖或食物更充足的地方，或者它们的毛色改变，与周围环境融为一体了，所以我们难以发现。也有一些动物在它的一生中会发生形态上的变化，比如幼鳗和成年鳗鱼就长得完全不一样。另一些动物在很久以前就灭绝了，经过数百万年的时间，它们变成了化石。以前我们不了解这些真相的时候，还一直认为这一切都是大自然施展的魔法呢！

高处的动植物

除了出色的专业攀岩者，大多数人很难在悬崖和山顶找到动植物的踪迹。
人们可能会瞥见飞行中的鸟类，但有些鸟儿飞得太快了，
它们的身影一晃就消失不见了。

天空中的生命

鸟类可以飞越整个世界，在海洋和大陆上空翱翔。它们能够飞很远的距离，去寻找最理想的觅食地、筑巢地和养育宝宝的地方。

斑头雁的翅膀比其他雁类略大，
所以它们可以在稀薄的空气中飞行，甚至能排成"人"字队形飞越珠穆朗玛峰。
这是世界上已知海拔最高的鸟类迁徙路线。

悬崖边的生命

对于鸟类来说，悬崖是安全的筑巢场所，因为陆地捕食者无法爬上悬崖。高山动植物非常适应悬崖边的生活，它们甚至还会来到城市中，在人造"悬崖"上生存。

山地生命

在海拔较高的山地，植物和动物生存必须忍受恶劣的自然条件。在有些空气十分稀薄，以至大多数动物都难以呼吸的环境中，一些非常特殊的"山地生命"仍然顽强地生存着。

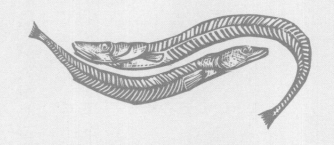

大西洋海雀

大西洋海雀是自然界的生存技能多面手。它们不仅会飞，还会游泳和挖洞。
春天，它们会在偏远岛屿的陡峭悬崖上挖洞筑巢，这样就可以躲避狐狸等天敌的袭击了。
春天是唯一能看到这种鸟儿的季节，因为在其余的时间，
它们几乎都在开阔的大海上度过，靠潜到水下捕鱼填饱肚子。

天气预报员

在繁殖季节，海雀色彩鲜艳的喙为它们赢得了"空中小丑"的绰号，但它们的"绝技"可不仅如此。冰岛民间流传着海雀可以预测天气的说法，这个说法有一定道理。当地渔民通过观察海雀的行为发现，如果它们返回巢穴，不再飞向大海，过不了多久风暴就会到来。

雪豹

雪豹生活在阿富汗东部至中国西部的高山上，但我们能看到雪豹的机会非常少。
因为雪豹毛色较浅，身上还带有黑色的斑点，恰好与环境中积雪和岩石的背景高度相似，
只要它不动，我们就很难发现它。

隐形山猫

　　科学家需要长途跋涉到偏远的山区，耐心地坐下来等待几个小时甚至几天时间，才可能遇见一只雪豹。而且，只有当雪豹跑动起来时，才能被科学家发现。

猎人与猎物

　　雪豹四处活动，捕食捻角山羊、喜马拉雅塔尔羊和岩羊等动物。它们在悬崖峭壁间来回跳跃，用毛茸茸的长尾巴保持身体的平衡。雪豹美丽的皮毛吸引了贪婪的人类猎杀它们，所以雪豹越来越罕见了。

西班牙山地花

比利牛斯山脉靠近西班牙一侧的悬崖是由石灰岩构成的，岩石的裂缝里生长着一种小植物，它们有心形的叶子并绽放着绿色的小花。这种植物只在这里安家，全世界其他地方都找不到它们的踪迹。

陡峭悬崖上的植物

悬崖的石壁像一把垂直插入地面的刀，所以我们几乎不可能在悬崖表面看到生长着的花草。但因为有蚂蚁在悬崖上安家，它们可以帮助花朵授粉，再把种子播撒出去，所以西班牙山地花能够在这种干燥偏僻的地方生长。它们的幼苗还经常从蚁巢中萌芽呢！

非常特殊的植物

西班牙山地花生长速度非常缓慢，它们的寿命长达300年！但是，如果离开了蚂蚁，它们几乎就活不成了。如果离开悬崖，这种植物也很可能会灭绝。从冰河时代结束，地球气候变暖开始，西班牙山地花已经幸存了数百万年，这类植物有一个统称叫"孑遗物种"，它们曾在古代广泛分布于地球上，但由于地质历史的变迁而大量灭绝，现在仅残存在极少数地方。西班牙山地花没有国际认可的通用名称，但科学家发现它们与薯蓣（也就是俗称的"山药"）有生物亲缘关系，于是把它们归入"比利牛斯薯蓣属"。西班牙山地花可是世界上最稀有、生长最慢的植物之一哦！

落基山羊

落基山羊天生就适应在北美洲落基山脉的生活。

峭壁攀岩者

落基山羊的身体覆盖着一层厚实的绒毛和蓬松的长毛，暖和的"外衣"能帮助它们度过寒冷的冬天。强壮有力的肩颈肌肉能帮助它们轻松爬上陡峭的斜坡，羊蹄的形状也十分适合在狭窄的崖壁上攀登。羊蹄上的脚垫就像攀岩鞋一样，有很强的抓地力。哪怕是在湿滑的斜坡上，分开的脚趾也可以帮助落基山羊的身体保持平衡，让它们在悬崖上行走就像在平地上一样稳。

爱打架的山羊们

人们经常看到落基山羊在高耸的陡峭悬崖上跳来跳去，偶尔也会摔一跤，尤其是在打架的时候，更容易踉踉跄跄地滚倒在地。它们的脾气不大好，在繁殖季节，雄性山羊之间经常发生冲突，而雌性即使在平时也很好斗。可以说，一年到头落基山羊都在打架，有时一个小时内就会打四五次。它们频繁打斗的原因可能是因为狭窄的悬崖峭壁不能同时容纳许多只山羊。"狭路相逢"的时候它们就要靠打架来驱散对方，这样羊群里每个成员间就能保持安全距离。

叶耳鼠

在南美洲安第斯山脉的尤耶亚科火山顶上，生活着一种与众不同的老鼠。

顽强的老鼠

海拔6000多米高的地方空气十分稀薄，科学家竟然在那里发现了这种老鼠。在海拔这么高的地方，可供生物呼吸的氧气量还不足山脚下的一半。山顶常年覆盖着积雪，山上的气温可能会骤降至−14℃。对于一般的老鼠来说，这里显然是不适合安家的，因为这些小动物在寒冷中很快就会被冻死。

神秘的老鼠

　　尤耶亚科火山高耸入云，科学家为了到达火山顶峰，可是爬了将近10个小时！他们在火山顶发现了叶耳鼠。科学家又给这种小动物起名为"黄腰叶耳鼠"，它们有许多人们之前闻所未闻的习性。叶耳鼠生活的海拔高度比其他所有哺乳动物都高，甚至比绿色植物的生长上限还要高出2000米。科学家十分好奇：这种老鼠以什么为食呢？直到现在，这个问题仍然是个未解之谜。

游隼

游隼是地球上飞行速度最快的生物之一。在捕捉猎物时，它们会收起翅膀，
从高空呼啸而下，俯冲速度可以超过322千米/小时。

游隼属于猎鹰家族里的一员，是一种体型相对较小的猛禽，但它们的攻击力很强，能把和鸽子
一般大的鸟类从天上击落。游隼喜欢在偏僻的地方筑巢，比如悬崖边上，内陆的峡谷和陡峭的山谷
里，或者海边的高崖上。这是为了不让狐狸和鼠类天敌找到它们的巢，保证它们的蛋和幼鸟的安全。

城市居民

游隼是一种能够在城市里生存的鸟类。在美国纽约，游隼会在摩天大楼的窗台上筑巢，它们把城市高层建筑当成绵延起伏的高山，并自由自在地在人工"峡谷"中穿梭，捕捉野鸽子。

古埃及人对游隼非常崇拜。在他们的神话中，有一位隼头人身的守护神，名叫何露斯。

黄脚岩袋鼠

尽管在新西兰和不列颠群岛的野外也能找到一些小袋鼠，
但大部分小袋鼠还是生活在澳大利亚和新几内亚。

伪装高手

大多数小袋鼠的皮毛是暗棕色的，但黄脚岩袋鼠很不寻常，它们的皮毛五颜六色。这种鲜艳的色彩在其他地方可能会很显眼，但在澳大利亚南部和东部，到处都是彩色的岩石和艳丽的悬崖，黄脚岩袋鼠身上的条纹图案恰恰能帮助它们隐身于周围的环境，躲避天敌的追踪。

炎热干燥的栖息地

黄脚岩袋鼠是群居动物，不过它们的群居规模很小，主要生活在远离人类的偏僻之处。正午时分，天气十分炎热，它们就藏在岩石的洞穴和裂缝里躲避阳光，到了傍晚时分才出来啃食地上的草和低矮的灌木。它们善于跳跃，长长的条纹尾巴是最好的平衡器。黄脚岩袋鼠是已知唯一一种会嘴对嘴给自己宝宝喂水的哺乳动物。

家燕

在北欧，整个夏天，人们都可以看到燕子，因为那里有大量的飞虫。这些飞虫是家燕的主要食物，因而这里的燕子只要别太懒惰就能轻松填饱肚子。然而，到了秋天，这些鸟儿就消失不见了。

开始的时候，古希腊哲学家亚里士多德认为家燕是去池塘和湖泊的冰面下冬眠了。18世纪，英国博物学家仍然这么认为。直到1912年12月，人们在南非的纳塔尔发现了一只佩戴英国斯塔福德鸟类中心身份脚环的家燕，博物学家才知道，原来它们迁徙到了非洲过冬。

特殊使者

当家燕返回欧洲筑巢时，有人说这是"春天到来的第一张信笺"。在中世纪，欧洲的农民都小心翼翼，尽量不破坏燕子窝，因为他们认为，如果损坏了燕子窝，就会导致牛不产奶，母鸡也不下蛋啦！

水手看到家燕都很高兴，因为他们认为家燕能带来好运。不过家燕是一种陆地鸟类，不可能飞离陆地很远，于是一些水手每次在海上航行5000海里后，就会在手臂上文一只家燕，等航行10 000海里后再文第二只。家燕曾经是预示水手们平安回家的好兆头！

藏在地下、水中的动植物

陆地和海洋下面隐藏着另一个神秘的世界，在那个世界生存的动植物远离人类的窥探。科学家需要借助特殊的工具和设备才能在地下或海洋里看到这些生物。

洞穴生命

洞穴是一个冬暖夏凉的好地方，于是许多小动物选择在洞穴里生活，这样就能躲过严寒酷暑给它们带来的致命威胁。有一些动植物一生都生活在黑暗当中，比如在巨大的洞穴里安家，它们居住的洞穴可能深达地表以下好几千米呢。

黄昏时分，大约2000万只墨西哥无尾蝙蝠从美国得克萨斯州的布兰肯洞穴蜂拥而出，到周围乡村捕食昆虫。到了白天，它们就躲在洞穴深处休息。

挖掘洞穴和隧道的动物

穴居动物可能会在地下度过一生，甚至植物界的许多成员也是如此，只不过植物能够在地下生存的深度普遍要比动物浅得多。一些植物甚至侵入了城市中纵横交错的人造隧道。

水下生命

在海洋、河流和湖泊下面也生活着各种动植物，不同的物种会挑选更利于它们生存的水深安家。有些动植物生活在浅水区，因为在那里可以找到更多食物或吸收更多营养物质；而另一些动植物则喜欢静谧的深海环境，但它们需要承受深水高压。还有一些特殊的动物会从大海游进河流和湖泊，再从河流和湖泊游回大海，它们的一生会经历非同寻常的冒险之旅。

洞螈

洞穴蝾螈（简称"洞螈"）生活在地下的湖泊和河流中，这些水系通向地球最深处的洞穴系统，所以我们几乎不能在大自然里看到它们。欧洲洞螈就是这样一种洞穴蝾螈。
它们是两栖动物，长相有点吓人，像淡粉色的鳗鱼。

盲蝾螈

由于洞螈永远生活在黑暗中，不需要看东西，所以它们都没有视力。洞螈很少活动，以身旁偶尔游过的洞穴虾为食。为了保险起见，在缺少食物的季节里，它们还会在体内储存脂肪和糖分。在一些特殊的情况下，即使不进食，洞螈也能存活长达10年之久，而正常情况下它的寿命甚至有100岁呢！

龙宝宝！

由于洞螈颜色独特，当地人把它们称为"人鱼"，甚至曾一度认为洞螈是龙的幼体呢。这类洞螈在北美又被称为"洞穴木偶"，比如罕见的德州盲螈。

姥鲨

姥鲨是世界上已知第二大的鱼类，但它们并不凶猛。这些庞然大物体长8米左右，有一张巨大的嘴，可以一口吞入大量海水，再在口腔中过滤出浮游生物并咽下肚子，然后把不能吃的东西吐出来。在这个过程中，其口腔中的海水会从鳃裂处流出，这也是它们在水中"呼吸"的方式。在长达几个月的夏季，姥鲨经常在海岸附近觅食，这时候人们就有机会在悬崖顶部和海岬看到它们啦。

长途迁移

到了冬季，姥鲨不再出现在浅海，而是沉入更深的水域。有些姥鲨从不列颠群岛出发，穿越大西洋，一直游到北美，迁移距离将近10 000千米呢。在北美洲东海岸，姥鲨从新英格兰开始向南迁徙，最远能够到达亚马孙河口。

海岸边的姥鲨

有时死亡的姥鲨会被冲到海滩上。它们的身体组织腐烂变质，看起来就像难看的史前海洋爬行动物。等尸体彻底腐化分解后，海岸边会留下姥鲨长长的脊柱。相比之下，它们的脑袋就显得很小了。也许还能发现鱼鳍状的东西，是不是很像已经灭绝的蛇颈龙呢？

穴金丝燕

白巢金丝燕是一种生活在东南亚的燕科小鸟。它们一生中大部分时间都在雨林中捕食昆虫，只要到了要筑巢的时候，它们就会飞进洞穴。

在一片漆黑的巨大洞穴中，穴金丝燕正在岩壁上修筑它们的家。有些洞穴有一栋房子那么大，宽敞而隐蔽的环境足以保护它们免遭捕食者的袭击。穴金丝燕的巢很不同寻常，因为这些巢穴完全是由唾液筑成的。这些小鸟吐出唾液，一层盖着另一层，等到唾液变干后，就形成了碗状的鸟巢，"粘"在垂直的洞穴岩壁上啦。

洞口的危险

穴金丝燕宝宝破壳而出以后，鸟爸爸和鸟妈妈会从森林里给孩子们带回飞虫一类的食物。但它们必须小心避开洞穴游蛇，因为这些蛇经常盘绕在狭窄的通道和洞穴入口附近的钟乳石上，趁着小鸟飞进飞出的时候捕捉它们。

珍稀的补品

一到穴金丝燕的繁殖季节，当地人就会来洞里采集燕窝，因为这是炖燕窝粥的主要食材。燕窝粥是中式菜谱中的一道美味佳肴。人们能采集到的燕窝很少，所以每一盏的价格都十分昂贵。

鼹鼠

鼹鼠几乎完全生活在地下。由于他们的血液很特殊，能比大多数哺乳动物吸收更多的氧气，
所以可以在含氧量很低的隧道中生存。鼹鼠在地下不停挖掘，是为了找蚯蚓吃。
偶尔它们会把土壤推到地表上形成一个小土丘，这时我们就能看到它们啦。

自然界的明星

北美星鼻鼹鼠的鼻子上有一圈很敏感的触须，看起来像一朵盛开着的玫瑰花，而其他鼹鼠的鼻
子则是尖尖的。它们的前掌很大，便于在地下挖掘。每只脚掌看上去都长了6根指头，但其实它们只
有5根指头，那根"大拇指"实际上是腕部桡籽骨，这让它们的脚掌看起来更像一把大铲子。星鼻鼹
鼠的眼睛和耳朵都很小，但这并不影响它们的视力和听力。

世界上最灵敏的美食家

北美星鼻鼹鼠不仅会游泳，还能在水下闻到气味呢。在寻找美食方面，它们几乎是
嗅觉最灵敏的哺乳动物，只需要大约120毫秒就能分辨出可以食用的东
西，然后吃掉它。

西澳洲地下兰

在西澳大利亚科里金镇附近的金雀花灌木丛中，如果你闻到一股从地面的裂缝中散发出来的香味，仔细寻找就可能发现一种非常奇特的花哦。这是一种在地下开花的兰花，名叫西澳洲地下兰。

这种兰花没有叶子，只有一段地下茎或块茎。它们侵入金雀花的根部，从中获取养分。

躲起来的花

西澳洲地下兰的花头由100多朵褐红色的小花组成，但很少有人能留意到它们。不过，它们的香味和花蜜能吸引生活在地下的昆虫，比如白蚁，来帮助它们授粉。西澳洲地下兰的种子需要6个月才能发芽，但是直到现在，我们也不知道它们是怎么在野外传播的。或许是有某种生物携带着西澳洲地下兰的种子到处活动，但没有人知道到底是谁在帮它们。

地上和地下

在澳大利亚东海岸，西澳洲地下兰的近亲——东澳洲地下兰（拉丁学名：*Rhizanthella slateri*）就能长出开在地面上的花朵，而西澳洲地下兰一生都只在地下度过。

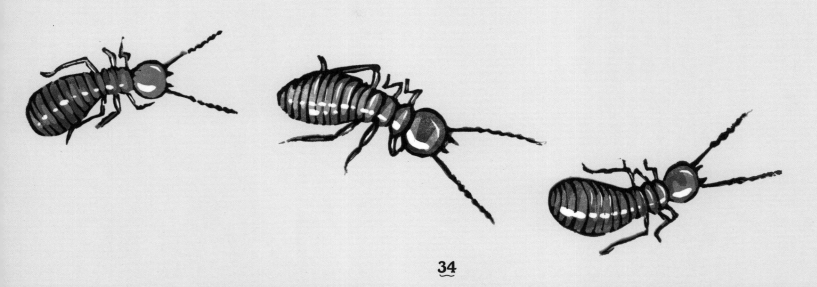

褐鼠

在野外，褐鼠更喜欢生活在潮湿的河岸边。城市和村庄里也有一些褐鼠，但在卫生环境良好的城市中，我们很少能看见它们。不过，由于这些不速之客喜欢住在城市污水排放管道中，而且经常传播疾病，所以它们的名声十分不好。

拾荒专家

　　褐鼠几乎什么都吃，但每当它们接触一种新食物时，就会磨磨蹭蹭地一点点啃食。如果有什么东西的味道闻起来有些可疑，比如捕鼠人投下的毒饵，它们就能分辨出来。褐鼠之间还可以交流，告诉伙伴什么东西好吃、什么东西难吃。

逃离沉船

　　人们都说，褐鼠是非常聪明的动物。因此人们开玩笑说，如果一条船将要沉没，哪怕看上去一切正常，褐鼠也会纷纷逃离！这个说法起源于1889年，当时，美国"巴黎布朗号"江轮（从路易斯安那州航行到俄亥俄州）的工作人员发现有许多褐鼠纷纷从船上跑下去。它们离开船后就没有再回来，结果船开出后没过多久，"巴黎布朗号"就撞上了江中的礁石，沉入海底了。

鳗鱼

在大西洋两岸，像蛇一样的鳗鱼曾被认为是一种神秘的生物。
但现在，关于它们生命周期的奥秘已经越来越多地为科学所揭示。

鳗鱼最早生活在北大西洋西南部的马尾藻海。
后来，长得像丝带一样的鳗鱼宝宝随着洋流漂向欧洲或北美洲，
不同品种的鳗鱼根据自身的适应能力找到了新的家园。

从大海到河流

到达海岸后，鳗鱼宝宝就长成了"玻璃鳗"。在中世纪的民间传说中，这种鳗鱼是从马尾上长出来的。之后，它们游进河口，成长为"鳗线"的形态，再逆流游入湖泊、河水或溪流，并留在淡水中度过一生的大部分时间。

从河流到大海

随着鳗鱼长大，它们会先变成"黄鳗"，在淡水中生活大约20年后，又会变成"银鳗"。银鳗会逆水游动，有时也会误打误撞地闯入陆地，但它们还能努力蠕动并回到流向大海的河流中。最终，它们会跟随洋流回到马尾藻海，在那里产卵，下一代的生命就开始了。

马里亚纳狮子鱼

在我们已知的鱼类中，生活在海洋最深处的就是马里亚纳狮子鱼。
它们的身体是透明的粉红色，所以我们可以直接看到它们身体里面的重要器官。
因为狮子鱼生活的环境离我们太遥远了，所以人们现在对它们的了解十分有限。

海洋最深处

要是想观察狮子鱼生活的环境，那就需要乘坐一艘非常特殊的潜艇。马
里亚纳海沟是已知地球上海洋的最深处，只有特制的潜艇才能抵抗住水
下8178米深处的超强压力。马里亚纳海沟位于西太平洋，由于深海的
环境十分凶险，所以只有极少数人去过那里。

古老的生物

世界上曾经存在过许许多多种生物，但实际上，其中大约99.9%的动植物现在都已经灭绝了。

但它们并不是全都被世界遗忘了，因为其中一些生物的遗骸变成化石保存了下来。

历史的印记

化石可以是动物的尸体经过风化形成的石头或矿物质，也可以是动物的尸体在泥土或沙子上留下的印记变成的岩石。然后，这些历史印记就静静地待在那里，直到有人走近，敲开岩石，让里面的化石重见天日——这很可能是一次新的大发现！

活化石

一些动植物与他们数百万年前的祖先长得非常相似，于是被称为"活化石"。在漫长的家族发展史中，尽管它们并没有停下进化的脚步，但直到今天，它们身上的变化依然不是很明显。

翼龙生活在约2.28亿年到6600万年前，是一种会飞的古老爬行动物。它们也是最早进化出飞行能力的脊椎动物。有的翼龙会爬树，也有的翼龙可以用四肢行走。还有一种翼龙的体型很大，是有史以来已知的最大的飞行动物。

菊石

菊石是珍珠鹦鹉螺、鱿鱼和章鱼的近亲，但它们早就已经灭绝了。
菊石灭绝的时代和恐龙相同，在2.5亿年到6500万年前的岩石中，就可以找到菊石的化石。

古老的贝类

就像蜗牛一样，菊石身上也有一个带螺旋花纹的硬壳。活菊石的壳里会伸出一团细长的触手，来回摆动着捕捉食物。菊石死后，柔软的身体难以保留下来，只有它们的硬壳才能变成化石。菊石是鱼龙（长得很像海豚）最喜欢的盘中餐。

蛇石

在英格兰东北部，菊石还被称为"惠特比蛇石"。相传惠特比镇附近生活着许多蛇，住在那里的一位女修道院院长就把它们都变成了盘成一圈圈的石头。林迪斯法恩修道院的圣卡斯伯特主教对它们施加了诅咒，于是变成石头的蛇都没有了脑袋，菊石也就有了"蛇石"的别称。

巨齿鲨

想象一下，有一条大白鲨，它的长度几乎是伦敦巴士的2倍，它可以一口吞下一个成年人，它的牙齿就和你的手掌一样大……那它是谁呀？

它就是巨齿鲨，是一种存在于2000万年到400万年前，以鲸鱼为食的巨型鲨鱼。它是地球上有史以来最大的食肉动物之一。

巨大的牙齿

我们之所以知道巨齿鲨存在过，是因为我们发现了它们巨大的牙齿化石。但目前人们能找到的关于这一庞然大物的线索仅限于此，尚没有其他发现。这可能是因为，鲨鱼的骨骼是由软骨而不是硬骨头组成的，软骨在成为化石之前就会腐烂，所以能留下来的就只有它们的牙齿了。

龙舌

在地中海地区，古希腊人和古罗马人都认为鲨鱼的牙齿就是龙的舌头，它们具有神奇的特性。他们认为，鲨鱼牙齿可以用来治疗蛇的咬伤；如果把它们放进酒里，就能检验酒是否有毒。

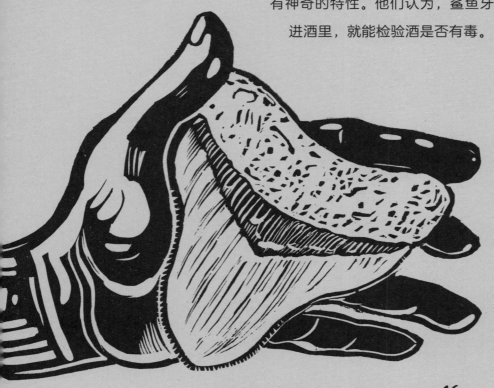

侏罗纪牡蛎

化石猎人们称这种古老的牡蛎为"魔鬼的脚趾甲"或"卷嘴蛎"。

当恐龙在陆地上称霸时，巨大的海栖爬行动物，也就是鱼龙，正主宰着海洋。

卷嘴蛎们总是成群地聚在一起，把身体埋在温暖的浅海海泥中。

滤食动物

像所有的牡蛎一样，卷嘴蛎的壳也分为两瓣，大的那瓣就像爪状的脚趾甲；另一瓣小的就像扁平的盖子。卷嘴蛎柔软的身体就藏在蛎壳中间。与现代牡蛎一样，这种侏罗纪时期的牡蛎也能从海水中过滤出浮游生物当作自己的美食。

牡蛎制药

这个古老的牡蛎家族在海洋里繁衍了数百万年。但大约3400万年前，它们就全部灭绝了。人们猜测，应该是某种能够咬碎卷嘴蛎外壳的生物迅速大量繁殖，才导致了它们的灭亡。但侏罗纪牡蛎即使在死亡之后，对我们来说依然"大有用处"。在中世纪，欧洲人认为把这种贝壳化石放在口袋里就可以治疗风湿病。

三叶虫

大约在5.2亿年前，海洋里出现了三叶虫。它们与甲壳类动物、蜘蛛和昆虫都是远亲，很多种类的三叶虫的形态就像现在的鲎，而还有一些种类的三叶虫看起来则像木虱（枕头虫）一样。

三叶虫是世界上最早能被分辨出头尾，并向前移动的生物之一。

占领海洋

不是所有三叶虫的头部都有眼睛，但的确大多数三叶虫都有。它们的眼睛结构十分复杂，就像是蜻蜓的复眼。有些三叶虫活跃在浅海，另一些则居住在海底深处。而那些没有眼睛的三叶虫可能就生活在海底的泥沙洞穴中。

首次自卫

人们在世界许多地方的岩石中都发现过三叶虫化石。在加拿大和俄罗斯，人们发现了大约5亿年前的三叶虫所形成的化石。它们像木虱一样把身体卷起来，保护自己免受捕食者的伤害。这可是目前已知最早的动物自卫的例子。

腔棘鱼

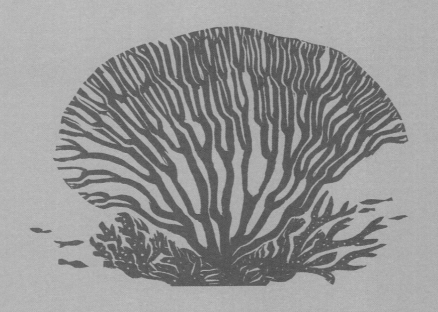

腔棘鱼是一种奇特的蓝色小鱼，它们可能是最著名的"活化石"了。

在大约4亿年前的岩石中，人们发现了与它们亲缘最近的物种的化石。

通过比较人们发现，经过这么漫长的时间，腔棘鱼和它们的祖先几乎没有什么不同。

古老的四腿鱼

腔棘鱼的叶状鱼鳍就像是四条腿。事实上，腔棘鱼与那些最终进化出四肢并从水里爬出来征服陆地的古代鱼类非常接近。人们曾经认为这个种族已经和恐龙一起灭绝了，但直到1938年，一艘南非渔船上的船员捕获了一条腔棘鱼，他们给它起了一个古怪的名字——古老的四腿鱼。

现代腔棘鱼

如今，科学家们已经发现了2个腔棘鱼种群。其中一种生活在西印度洋，在非洲和马达加斯加之间的海域，它们会在白天躲进深水洞穴休息；另一种则生活在东印度洋的苏拉威西岛海岸。

鲎

鲎的历史可以追溯到大约4.5亿年前，它也是一种"活化石"。虽然它还有个名字叫"马蹄蟹"，但实际上鲎并不是螃蟹，它与蜘蛛的亲缘关系更近一些。

鲎的长相也十分原始，看起来和三叶虫有几分相似。它们的身体上覆盖着一层坚硬的护甲，护甲下面是几条有关节的腿。这些腿的作用各不相同，有些用来走路，另一些则用来夹住食物。

海滩奇袭

鲎生活在沿海的海床上，每到繁殖季节，它们就从海里爬出来，到沙滩上产卵。这也是我们唯一可能在野外看到鲎的机会。在一些地方，比如北美东海岸的德拉华湾，就能在繁殖季看到成千上万的鲎争先恐后地从海里爬上岸的壮观景象。候鸟最喜欢吃鲎的卵，所以总是趁着鲎纷纷上岸的时候偷袭它们。我们可以想象，现在这种惊险刺激的场面在远古时代也出现过很多次。

银杏

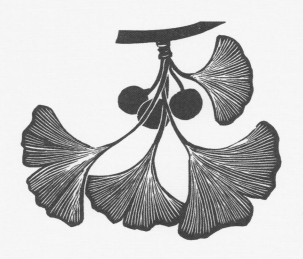

银杏也被称为"活化石"。人们在2亿年前的岩石中发现了银杏化石，这意味着在恐龙称霸地球之时，银杏就已经存在了。

常见的树木

如今，只有在中国还能看到在野外自然生长的银杏树。由于它们实在美丽，现在世界各地都有人工栽培的银杏树。银杏树是许多公园、街道和私人花园里的"常驻嘉宾"，我们生活的地方可能就有它们的身影。

秋日里的一抹金黄

银杏精致的扇形叶子和毛蕨的叶子很像。在大自然里，银杏树可以长到50米高。银杏树枝在空中自由伸展，长长短短的树杈会形成一个个直角。到了秋天，银杏的叶子会变成明亮的金黄色。

天然药物

在中国，银杏很早就可以入药。现在，在世界各地的保健食品商店都可以买到以银杏提取物为主要成分的保健品。

楔齿蜥

新西兰的楔齿蜥看起来像蜥蜴，但实际上它们并不是蜥蜴。

它们与一群类似蜥蜴的爬行动物有亲缘关系，但这群爬行动物在2亿年前经历过鼎盛时期之后就灭绝了。

楔齿蜥是这个种群中唯一的幸存者，所以说它们也是一种"活化石"。

第三只眼睛

楔齿蜥最有趣的特征是它们头顶上的"第三只眼睛"。但这只特殊的眼睛只存在于幼年楔齿蜥身上，因为随着楔齿蜥逐渐成年，这只眼睛就会被黑色的鳞片所覆盖。科学家推测，楔齿蜥的第三只眼睛可能具备好几种功能，比如，可以帮助它们分辨昼夜，或是引导它们找到合适的地方取暖或乘凉。

幸存者

与大多数爬行动物不同，楔齿蜥能适应更低的气温，它们可以在5℃的环境中生存。但如果气温超过28℃，楔齿蜥就难逃一死了。异域老鼠入侵也会导致楔齿蜥灭亡。曾经有一段时间，楔齿蜥几乎马上就要和它们的远古亲戚一样走向灭绝，但幸运的是，它们挺过了那个命运攸关的时刻。

黑暗使者

在新西兰原住民，也就是毛利人的文化中，楔齿蜥的身份非常独特，相传这种爬行动物就是黑暗之主和所有恶魔的使者。

书中物种在世界上的分布

大西洋海雀——冰岛南部的韦斯特曼纳群岛

（现存大西洋海雀数量最多）（8-9）

星鼻鼹鼠——美国东北部/
加拿大东南部（32-33）

菊石——英国约克郡惠特比镇（44-45）

家燕——英国南部（22-23）

姥鲨——北大西洋（28-29）

落基山羊——北落基山脉
西部（14-15）

游隼——纽约
（18-19）

墨西哥无尾蝙蝠——美国德克萨斯州
的布兰肯洞穴（24-25）

鳗鱼——马尾藻海
（38-39）

西班牙山地花——法国
和西班牙边界，比利
牛斯山脉（12-13）

鲎——美国东海岸，
德拉华湾（54-55）

叶耳鼠——阿根廷和智利边界，
尤耶亚科火山—安第斯山脉（16-17）

我们在本书中见到的这些动植物几乎遍及世界各地。比如褐鼠，虽然它们平时隐藏得很好，但实际上，除了南极洲以外，每块大陆上都有褐鼠。还有一些动植物，我们只能在非常特殊的地方看到它们，比如西班牙山地花，就只长在西班牙岩石上；还有叶耳鼠，也只出现在南美洲的火山上。还有一些生物，例如游隼，已经勇敢地告别了它们在大自然中的家园，来到城市继续生活。让我们一起看看书中其他的动植物都分布在世界的哪些角落吧。

斑头雁——珠穆朗玛峰
（6-7）

马里亚纳狮子鱼——西太平洋
马里亚纳海沟（40-41）

洞螈——斯洛文尼亚南部
（26-27）

银杏——中国东部
浙江省（56-57）

雪豹——阿富汗东部至
中国西部之间的山脉
（10-11）

穴金丝燕——印度尼西亚—苏
门答腊岛/爪哇岛/巴厘岛
（30-31）

西澳洲地下兰——西澳大利亚
科里金镇（34-35）

黄脚岩袋鼠——澳大利亚
东南部（20-21）

腔棘鱼——马达加斯加西北部
与非洲和苏拉威西岛北部之间
的科摩罗群岛（52-53）

楔齿蜥——新西兰北岛东北
海岸的小岛（58-59）

出版团队

出 品 方：	斯坦威图书
出 品 人：	申　明
出版总监：	李佳铌
产品经理：	韩依格
责任编辑：	马妍吉
助理编辑：	冯嘉颖
封面设计：	高怀新
排　　版：	东合社
发行统筹：	贾　兰　阳秋利
市场营销：	王长红
行政主管：	张　月
翻译统筹：	语言桥 Lan-bridge

著作权合同登记号：图字02-2023-156号

图书在版编目（CIP）数据

神奇的动植物 / (英) 迈克尔·布莱特著；(英) 乔

纳森·埃莫森绘；韩雪婷译. -- 天津：天津

科学技术出版社，2023.9

　书名原文: Above, Below and Long Ago

　ISBN 978-7-5742-1545-0

Ⅰ. ①神… Ⅱ. ①迈… ②乔… ③韩… Ⅲ. ①动物—

少儿读物②植物—少儿读物 Ⅳ. ①Q95-49②Q94-49

中国国家版本馆CIP数据核字(2023)第159315号

神奇的动植物

SHENQI DE DONGZHIWU

责任编辑：　马妍吉

出　　版：　天津出版传媒集团
　　　　　　天津科学技术出版社

地　　址：　天津市西康路35号

邮政编码：　300051

电　　话：　(022)23332695

网　　址：　www.tjkjcbs.com.cn

发　　行：　新华书店经销

印　　刷：　河北鹏润印刷有限公司

开本1000×1230　1/16　印张4.5　字数25 000

2023年9月第1版第1次印刷

定价：99.00元

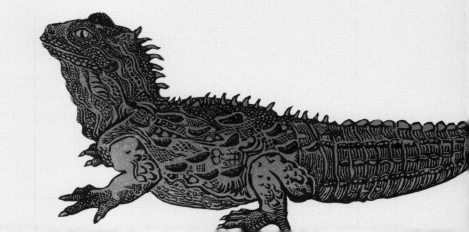

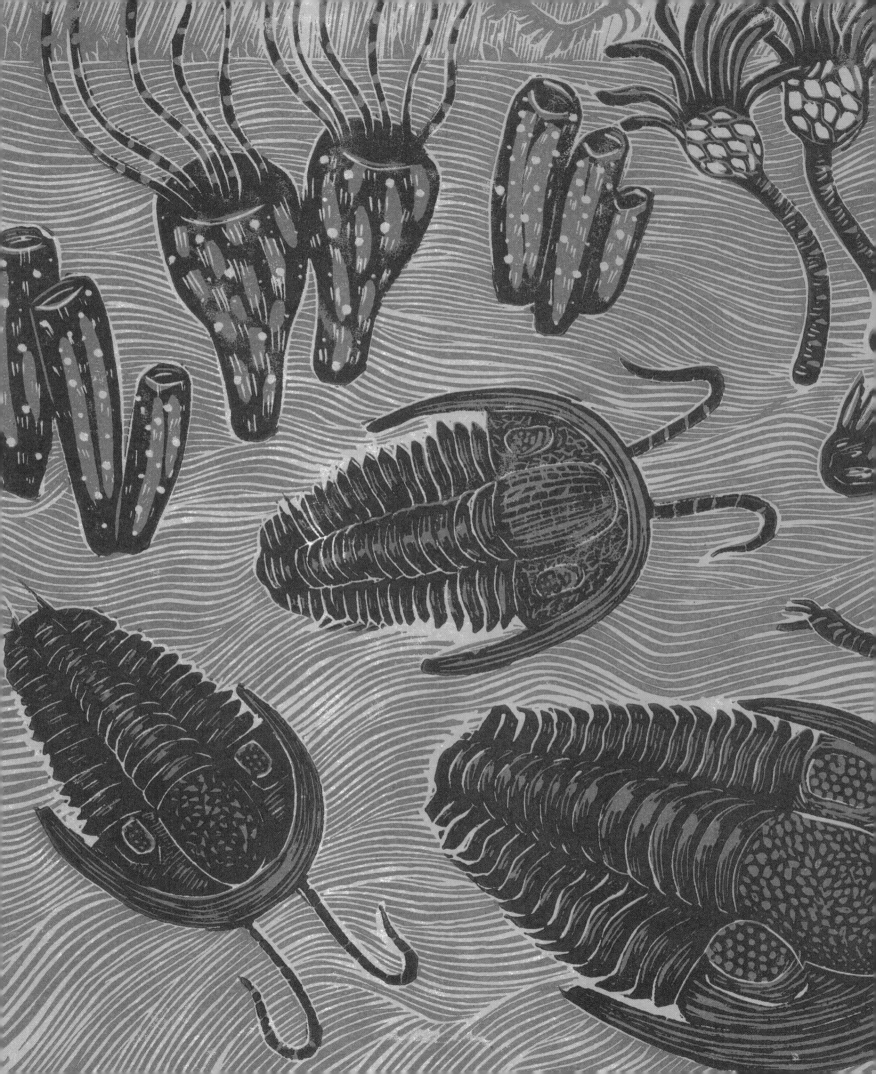

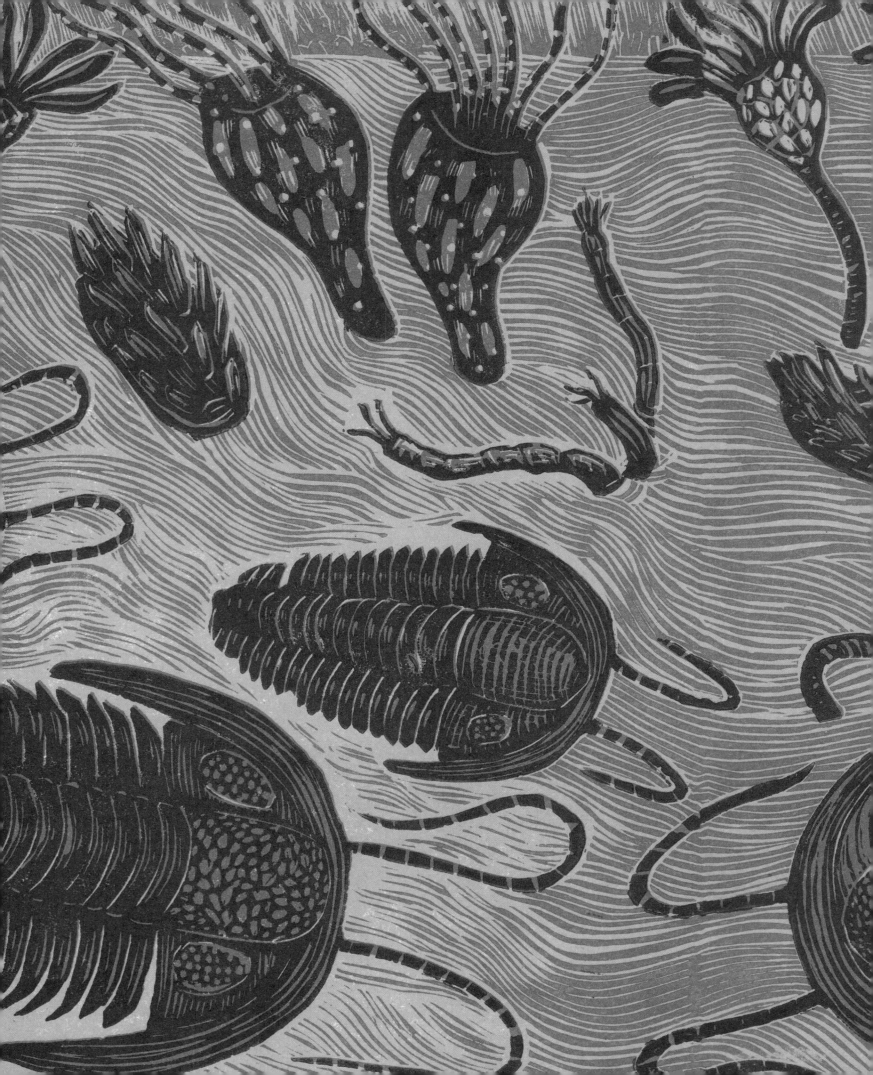